瑪麗諾愛樂 • 巴亞(Marie-Noëlle Bayard)

Animaux en feutre
毛氈布動物玩偶

親手DIY布偶動物的樂趣

只有做過

p 教你做幸福泰迪

泰迪熊

泰迪熊，讓人愛不釋手，但是
己縫一隻同樣有著柔和眼神、
泰迪熊，一點都不難，材料費
更能顯出它獨一無二的價值，
的泰迪熊設計，從簡單二片布就
活動的傳統泰迪熊都有，再加上
世界唯一的泰迪熊！

Animaux en feutre

毛氈布動物玩偶

親手DIY布偶動物的樂趣

作者◎瑪麗諾愛樂・巴亞（Marie-Noëlle Bayard）

攝影◎克萊兒・居赫（Claire Curt）

構圖設計◎夏洛特・凡妮耶（Charlotte Vannier）

翻譯◎張一喬

太雅生活館

毛氈布動物玩偶

So Easy 104

作　　者　　瑪麗諾愛樂‧巴亞(Marie-Noëlle Bayard)
翻　　譯　　張一喬

總 編 輯　　張芳玲
主　　編　　劉育孜
文字編輯　　林麗珍
美術設計　　張蓓蓓

電話：(02)2880-7556　傳真：(02)2882-1026
E-MAIL：taiya@morningstar.com.tw
郵政信箱：台北市郵政53-1291號信箱
網頁：http://www.morningstar.com.tw

Original title: Animaux en feutre
Copyright©Marie-Noëlle Bayard, Mango, Paris, 2005
First published 2005 under the title Animaux en feutre by Mango, Paris
Complex Chinese translation copyright©2006 by Taiya Publishing co.,ltd
Published by arrangement with Editions Mango through jia-xi books co.,ltd.
All rights reserved.

發 行 所　　太雅出版有限公司
　　　　　　台北市111劍潭路13號2樓
　　　　　　行政院新聞局局版台業字第五○○四號
印　　製　　知文企業（股）公司 台中市407工業區30路1號
　　　　　　TEL:(04)2358-1803
總 經 銷　　知己圖書股份有限公司
　　　　　　台北分公司 台北市106羅斯福路二段95號4樓之3
　　　　　　TEL:(02)2367-2044　FAX:(02)2363-5741
　　　　　　台中分公司 台中市407工業區30路1號
　　　　　　TEL:(04)2359-5819　FAX:(04)2359-5493

郵政劃撥　　15060393
戶　　名　　知己圖書股份有限公司
初　　版　　西元2006年6月01日
定　　價　　199元
（本書如有破損或缺頁，請寄回本公司發行部更換，或撥讀者服務專線
04-2359-5819#232）

ISBN 986- 7456-88-2
Published by TAIYA Publishing Co.,Ltd.
Printed in Taiwan

國家圖書館出版品預行編目資料

毛氈布動物玩偶／瑪麗諾愛樂‧巴亞(Marie-
　Noelle Bayard)作；張一喬翻譯. -初版.
　　--臺北市：太雅，2006[民95]
　　面；公分.--（So easy：104）
　　　譯自：Animaux en feutre
　　ISBN 986-7456-88-2（平裝）

　　1. 玩具─製作　2. 家庭工藝
426.78　　　　　　　　　　　95009000

目錄

◆ 工具與材料　　　　　　　　6

◆ 基礎技巧　　　　　　　　　8

◆ 大公雞　　　　　　　　　　10

◆ 綿羊　　　　　　　　　　　16

◆ 蘇格蘭犬　　　　　　　　　18

◆ 臘腸犬　　　　　　　　　　19

◆ 大馴鹿　　　　　　　　　　22

◆ 迷你馬　　　　　　　　　　26

◆ 小熊　　　　　　　　　　　28

◆ 兔子　　　　　　　　　　　30

◆ 小母雞　　　　　　　　　　34

◆ 小豬　　　　　　　　　　　36

◆ 驢子　　　　　　　　　　　40

◆ 小白兔　　　　　　　　　　46

◆ 小馴鹿　　　　　　　　　　50

◆ 大熊　　　　　　　　　　　52

◆ 大象　　　　　　　　　　　56

◆ 母牛　　　　　　　　　　　60

工具與材料

製作毛氈布偶並不需要很多材料，只要幾塊簡單的毛氈布或是一般用於大衣的毛呢料（利用舊衣物當然也可以）、針線和填充物就綽綽有餘了。您可以在每個布偶製作說明的開頭，找到其所需的完整材料和工具清單。

毛氈

毛氈此種材質，有別於細氈子，是一種以羊毛纖維集結而成、有時也會混合一些合成纖維的織品。這種非織布的結構牢固且用途廣泛，可用於製作帽子、做成鋼琴鍵盤的保護布或是作為金銀細工業的拋光用具。

此種產品現在通常是論尺或是以零頭布料的方式出售，因為可供選擇的色彩相當豐富，用於製作創意家飾也很合適。雖然它的單價仍舊略微偏高了一些，您卻不難發現，使用毛氈在剪裁布料時相當節省：因為它不存在經緯方向之分，所有用剩和多餘的布塊都可以毫無顧忌、任意地再加以利用。

此外，毛氈還擁有許多優點：它的結構結實、可以手洗（因為是純羊毛製成的）、完全不褪色，而且布邊剪開後也不會抽線鬆開。即使料子本身比較厚（約0.2公分），車縫或甚至手縫起來還是很輕鬆，沒有任何困難。這就是為什麼我們會選擇此種材質來製作給孩子玩的動物布偶。相反地，

我們不建議您採用細氈子作為材料：它比較單薄、不能水洗、稍微拉扯便容易變形，而且還會褪色。

羊毛呢絨

如果您找不到某一個特定顏色的毛氈，您可以選用做大衣用的羊毛呢絨，而最好的選擇是「羅登縮絨厚呢」（loden）；這種厚呢織得非常緊密，跟毛氈一樣有剪開後不會抽絲散開的特性，而且羊毛呢絨可水洗，顏色固定且堅固耐用。因為結構結實，無論是使用手縫或車縫拼接都很適合。這種布料在布店裡也是論尺出售的，顏色選擇也很多。您也可以採廢物利用的方式，從自己已經不穿的大衣或西裝外套上，直接剪下需要的布塊。

填充物

填料決定玩偶的外觀、耐用和柔軟程度。本書中的動物玩偶所使用的填充物，是以合成纖維製成的；觸感輕盈之外，它的洗滌方式跟毛氈和羊毛呢絨一模一樣，因此，這樣製作出的動物布偶，清潔整理起來可以說是相當簡易。在著手填充玩偶的步驟之前，可以先輕扯一下毛氈或羊毛呢絨，讓纖維略微延展一些，好讓動物造型較為蓬鬆、有厚度。

鈎針

您可以準備一支編織用的鈎針,用圓的那一端將動物玩偶的頭、身體和四肢內部的填充物調整和確實推到角落。

刺繡用針

本書中所有動物玩偶的縫合,都是以刺繡針法縫製完成的。因為選用的布料有一定的厚度,所以必須使用針頭夠尖銳且針眼夠大的刺繡用針,在穿線的時候,才能夠方便省事。最為適合的是3號針。

縫線

如果您的布偶是為小孩製作的,建議您在縫合時先以縫紉機車過第一道手續,以確保填充物能完整紮實地包覆在動物身體裡面。接著便可依照每個說明上指示的方式,在布料邊緣繡上花樣。您可以選用縫製大衣和西裝外套專用的粗款縫線,它相當牢固結實。此外也別忘了為您的毛氈或羊毛呢絨挑選顏色相稱的縫線。

繡線

請為所有需要以手工縫接的步驟選用5號繡線。此款繡線堅固、亮眼且論縷販售的價格也相當合理,特別是它的色彩選擇很多樣。如果您準備用縫紉機來組合動物的每個部位,那麼可以在機器縫合過的痕跡上頭,再用繡線繡過一遍。

剪刀

需要以毛邊繡縫接的動物布偶,請使用傳統裁縫剪刀來裁剪布料。

如果是以平針繡縫接的布偶,請使用鋸齒剪來修剪布料的邊緣;不過在使用它裁剪的時候請注意要完整地剪齊,否則剪斷毛氈的時候,邊緣的鋸齒形狀會變得鈍鈍的,失去乾淨俐落的線條感,此外刀刃用舊了也請立即更換。如果想延長它的壽命,那就絕對不要拿它來裁剪紙張。

粉片

使用裁縫用粉片,是為了方便按紙型描下所欲製作動物的形狀。您可以為深淺適中的顏色和深色布料準備一個白色粉片,並另外為淺色布料準備一個粉紅或藍色粉片。記得輕輕地描繪上去即可,這樣的痕跡在繡邊之後會淡去而變得不明顯。

大頭針

車縫的時候為了確保布塊維持在定位,必須使用小型大頭針將它們固定。此外也可以用在描紙型的時候,把紙型和布料別在一起會更好畫。

基礎技巧

製作這些毛氈動物玩偶並不需要用到太多特別的技巧。只要運用幾種縫紉基本技巧,並藉助以下的說明,您便可以輕易地製作出本書介紹的所有玩偶。

紙型的使用

本書的所有布偶都附有其各自的紙型。(———)的符號是用來標示為填充布偶而預留的暫時性開口,而(1)記號則是為了標示出動物布偶身體不同部位應該連接的位置,和它們彼此所屬的相對位置。

您可以直接影印書上的紙型,本書裝訂的方式和厚度,讓您可以輕易地將它平放在影印機上頭。

您也可以選擇用描圖紙描下紙型,並仔細標下相對應的各個標示,如果需要的話再以影印機放大。本書提供的紙型並非全部都是真品的相同大小,請您依照每個布偶製作說明上所標示的比例來放大或縮小尺寸。

您也可以依喜好將紙型放大或縮小,如此便可為布偶創作一個動物家族。

剪裁

毛氈本身並無正反面之分,至於羊毛呢絨的正反面則僅有些微的差距,也就是正面的絨毛感會比反面來得多一些;因此,您在剪裁布塊的時候便不會有這方面的顧忌。您只要把剪好的紙型擺在毛氈或羊毛呢絨上頭,用大頭針別好固定,然後用粉片沿著邊緣描繪出形狀即可,最後在著手剪裁布料時沿線多留0.5公分。

縫合和拼接

組合這些動物非常的簡單,完全不需要任何縫紉方面的專業知識。每個布塊都是直接在正面縫接且針距的痕跡清晰可見,這也是此種動物布偶迷人的特色之一。將您要組合的兩個部位,從紙型標示的部位交疊後,用大頭針沿著邊緣垂直別起來,接著按照說明採用指示的針法加以縫接,最後以紮實的回針縫在尾端做結。取下大頭針之後,從預留的開口塞入填充物,接著再用同樣的針法把開口縫合。

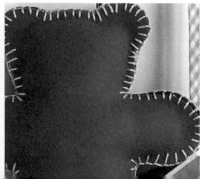

縫料

所有的動物玩偶均以聚酯棉絮作為填充物。先將
纖維撐開讓它變得膨脹，接著填充玩偶的時候，
不要將棉絮壓得太緊，以免布偶的外型變得過於
僵硬；用鉤針將棉絮推進各個角落時也必須小
心，以免用力過猛而導致布料破損。記得從最裡
面的部位開始塞，往開口的地方向四周均勻地、
漸漸地擴散開來。所有開口所設計的位置，都是
為了能讓您以最簡單的方式，填滿動物的每一個
部位作為考量的。

作品的完成

布偶一旦填充完畢，您就可以將開口的兩邊先用
大頭針別好，然後用毛邊繡或平針繡將其穩固地
縫合。眼睛和鼻孔則另外用十字繡繡上。
這些布偶是由好幾個不同布塊連接起來的，可能
會禁不起過度的拉扯而導致針腳繃裂，因此最好
將它們送給年紀大一點和懂得愛惜物品的小朋友
們，比較適合。

十字繡

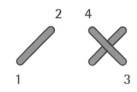

平針繡

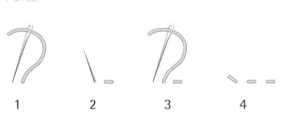

毛邊繡

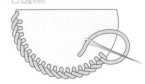

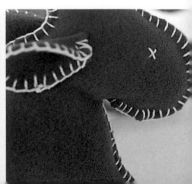

大公雞

尺寸：約28公分
製作時間：5小時

材料

◆ 50X30公分的橘色和桃紅色毛氈或羊毛呢絨

◆ 20X20公分的粉紅色和紅色毛氈或羊毛呢絨

◆ 1片米白色毛氈或羊毛呢絨碎布塊

◆ 填充棉絮

◆ 金黃色DMC棉繡線

◆ 白色裁縫用粉片

◆ 刺繡用3號針

◆ 縫製地毯用的大根尖銳縫針

◆ 鋸齒剪刀

◆ 裁縫剪刀

◆ 大頭針

◆ 如果您採用以縫紉機先車過一道手續的方式來拼
  接玩偶，請另外準備粉紅、紅和橘色縫線

將14～15頁的紙型影印之後，剪下以取得布偶的
紙樣。將它們用大頭針別在毛氈或羊毛呢絨上，
並用粉片沿著邊緣畫出形狀。沿著畫好的圖形邊
緣，再多留0.5公分的地方，以鋸齒剪刀分別剪下
桃紅色的2片身體（A），橘色的4片翅膀（B）、4
片腳（F）和2塊尾巴（C），以及2片粉紅色的頭
（D）和2片紅色雞冠（H）。另外用裁縫剪刀剪下2
片米白色雞嘴（E）和4片紅色雞爪（G）。

雞腳

將2片雞腳相疊並以平針繡縫合，另一隻腳也以同
樣的方式組合。將2片雞爪重疊並以毛邊繡縫合，
另一隻腳也以同樣方式組合。

將雞腳的2面略微往外拉開，讓它看起來變得更有
厚度，並將縫合的位置朝向布偶正面。將2塊雞爪
用金黃色繡線以一個十字繡，分別縫接在2隻雞腳
下端─也就是最窄的那個部分。

身體

以平針繡將1片頭連接在1片身體上。接著，在身
體下部紙型所標示的2個角落，同樣以平針繡各打
1個褶。

將2片雞嘴重疊，並以平針繡縫合圓弧和朝外面的
邊緣。將沒有繡到的那一邊略微撐開，然後以平
針繡縫在公雞頭的正前面。在雞嘴上面繡上2個十
字做為眼睛。

將2片雞冠重疊，除了朝下的那一面之外，均以毛
邊繡沿著周邊縫合。重疊2片身體，先以大頭針固
定，然後將2隻腳放進2片身體中間，雞腳的上端
要放進即將要縫合的身體下緣部位裡面。將雞冠
塞進頭頂，夾進2片毛氈中間，然後以大頭針別在
定位。接著用平針繡將整個雞身周邊縫合，雞冠
和雞腳都一併縫上去。在雞身一邊如紙型上所標
示的部位留下開口，從開口處填好棉絮之後，再
以平針繡將開口縫上。

翅膀

將翅膀2片1組重疊在一起，以大頭針固定，然後以平針繡沿著邊緣縫合。接著以同樣的針法繡上翅膀的線條。

拿縫製地毯用的尖銳縫針穿上2條繡線，先穿過1片翅膀，再穿進雞身，從另1片翅膀穿出來，最後再以相反的方向重複一次動作，以在翅膀上縫出一個十字。在第一片翅膀上將繡線綁緊，從離打結處0.2公分的地方把線剪斷，這樣一來翅膀便可以從關節處活動了。

尾巴

將2片尾巴重疊，以大頭針對齊固定，然後以平針繡沿著邊緣縫合，只在下端留下開口，以便塞入一些棉絮。接著用平針繡，在尾巴上繡上線條，然後以同樣的針法將開口縫合，並將尾巴下端連接在雞背。如果尾巴會向後仰的話，便從尾巴中間的地方再補幾針在身體上。

大公雞的紙型

影印時請以紙型91％的尺寸來印即可

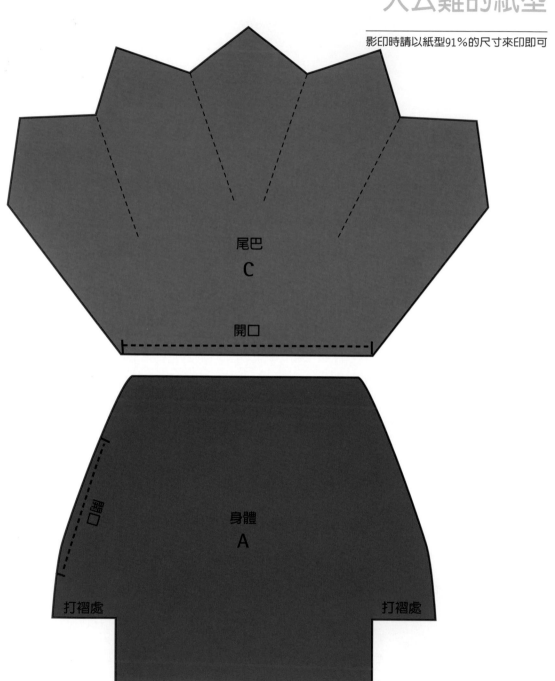

尾巴
C

開口

身體
A

開口

打褶處　　　　　　　　　　　打褶處

綿羊

尺寸：約18公分
製作時間：2小時

材料

- ◆ 30X20公分的米白色毛氈或羊毛呢絨
- ◆ 10X20公分的草綠色和淡粉紅色毛氈或羊毛呢絨
- ◆ 填充棉絮
- ◆ 天藍色DMC棉繡線
- ◆ 粉紅色裁縫用粉片
- ◆ 刺繡用3號針
- ◆ 裁縫剪刀
- ◆ 大頭針
- ◆ 如果您採用以縫紉機，先車過一道手續的方式來拼接玩偶，請另外準備淺色縫線

將右頁的紙型影印之後，剪下以取得布偶的紙樣。將它們用大頭針別在毛氈或羊毛呢絨上，並用粉片沿著邊緣畫出形狀。沿著畫好的圖形邊緣，再多留0.5公分的地方，分別剪下2片米白色的身體（A），2片淡粉紅色的頭（B），草綠色的2隻前腳（C）和2隻後腳（D），以及4片米白色耳朵（E）。

遮到綿羊的眼睛。將頭、身體和第一隻耳朵別在一起，然後用毛邊繡縫合起來。另一面的頭、身體和耳朵也用同樣的方式縫接起來。

耳朵

將2隻耳朵重疊在一起，然後以毛邊繡沿邊縫合。另1隻耳朵也以同樣的方式處理。

腳

用繡線以毛邊繡，依照與綿羊相對的前後位置，將前腳和後腳分別縫接在各片身體上。

頭

用天藍色繡線，在兩邊頭上眼睛的部位各繡上一個十字。將1片粉紅色的頭用大頭針別在1片身體上，反面對反面。將1隻耳朵平的那一面放在頭上，並調整成圓弧的那一面朝向身體，以免耳朵

身體

將2片身體疊在一起，頭和腳的地方用大頭針別好。以毛邊繡將整隻動物沿著周圍縫合起來，只在如右圖所示背上的位置留下一個開口。將棉絮塞進綿羊裡之後，再以毛邊繡縫合開口即可。

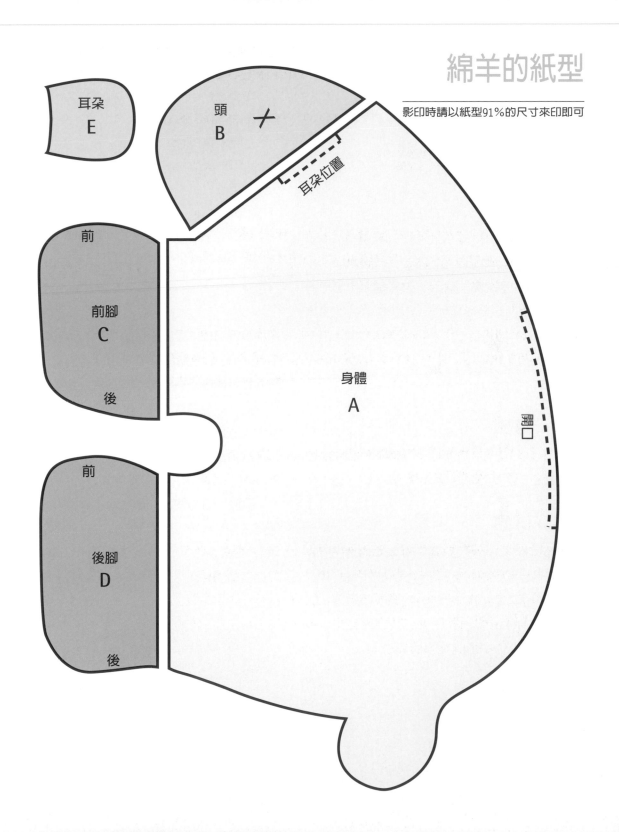

綿羊的紙型

影印時請以紙型91％的尺寸來印即可

耳朵
E

頭
B

耳朵位置

前

前腳
C

後

身體
A

開口

前

後腳
D

後

蘇格蘭犬

材料

尺寸：約15公分
製作時間：2小時

◆ 40X25公分的土耳其藍、草綠色毛氈或羊毛呢絨
◆ 20X45公分的紫色毛氈或羊毛呢絨
◆ 填充棉絮
◆ 赭色和綠色DMC棉繡線
◆ 白色裁縫用粉片
◆ 刺繡用3號針
◆ 裁縫剪刀
◆ 大頭針
◆ 如果您採用以縫紉機先車過一道手續的方式來拼
　接玩偶，請另外準備灰色縫線

將第20頁的紙型影印之後，剪下以取得布偶的紙樣。將它們用大頭針別在毛氈或羊毛呢絨上，並用粉片沿著邊緣畫出形狀。沿著畫好的圖形邊緣，再多留0.5公分的地方，分別剪下1片土耳其藍和1片草綠色的身體（A）。另外再從紫色的毛氈上頭，剪下1條後片（B）、1條上片（C）和1條下片（D）。

刺繡

用赭色繡線，在2片身體（A）各繡上一個十字做為眼睛。

身體

用綠色繡線，以毛邊繡，將三條為小狗增加厚度的紫色毛氈連結在一起。
將後片（B）以大頭針別在1片身體（A）上，注意標示①的地方要對上標示④。以赭色繡線，用毛邊繡將它們組合起來。

接著著手縫接下片（D），兩邊標示③和④的地方要對齊；然後加上上片（C），標示①和②的地方要準確對齊，並都採用毛邊繡來縫合。

將另一片身體（A）放在縫接好的這一片上頭，以大頭針固定，接著以毛邊繡沿著小狗周圍縫合，同時注意每個縫接第一片時所提及的標示，縫第二片時也要以同樣的方式對齊。在身體下面留下1個開口。

以棉絮填滿小狗，然後用幾針毛邊繡，將開口縫合。

臘腸犬

尺寸：約14公分
製作時間：3小時

材料

◆ 40X30公分的紅棕色毛氈或羊毛呢絨
◆ 20X20公分的橘色毛氈或羊毛呢絨
◆ 10X50公分桃紅色毛氈或羊毛呢絨
◆ 填充棉絮
◆ 青綠和橘色DMC棉繡線
◆ 白色裁縫用粉片
◆ 刺繡用3號針
◆ 裁縫剪刀
◆ 大頭針
◆ 如果您採用以縫紉機先車過一道手續的方式來
拼接玩偶，請另外準備紅棕色縫線

將第21頁的紙型影印之後，剪下以取得布偶的紙樣。將它們用大頭針別在對摺的毛氈或羊毛呢絨上，並用粉片沿著邊緣畫出形狀。沿著畫好的圖形邊緣，再多留0.5公分的地方，分別剪下2片紅棕色的身體（A），再從橘色的毛氈剪下4片耳朵（B）並從桃紅色毛氈上剪下2條中間（C）。

耳朵

將耳朵2片1組重疊起來，用大頭針固定，然後用青綠色繡線，沿著邊緣以毛邊繡縫合。在每隻耳朵上端留下開口。

將2隻耳朵分別用大頭針別在小狗的2片身體上。依照紙型上面所標示的虛線位置來調整耳朵上端放置的方向。用青綠色繡線，將縫好的耳朵和1片身體，3片毛氈以平針繡固定。

身體

在每片身體上，以青綠色繡線縫上一個十字來做為眼睛。

以毛邊繡將2條作為小狗厚度的桃紅色毛氈垂直邊縫接起來。將接好的長條毛氈和1片身體組合，前者尖頭的那一端對向小狗尾巴的末端；接著用大頭針固定好，以橘色繡線採毛邊繡，沿著整片身體邊緣縫合。將另1片身體擺上來，以大頭針固定然後用毛邊繡沿著周圍縫合，只在身體下部留下開口。

用棉絮填滿小狗的身體，然後以幾針毛邊繡將開口縫合。

蘇格蘭犬的紙型

影印時請將紙型放大到109%

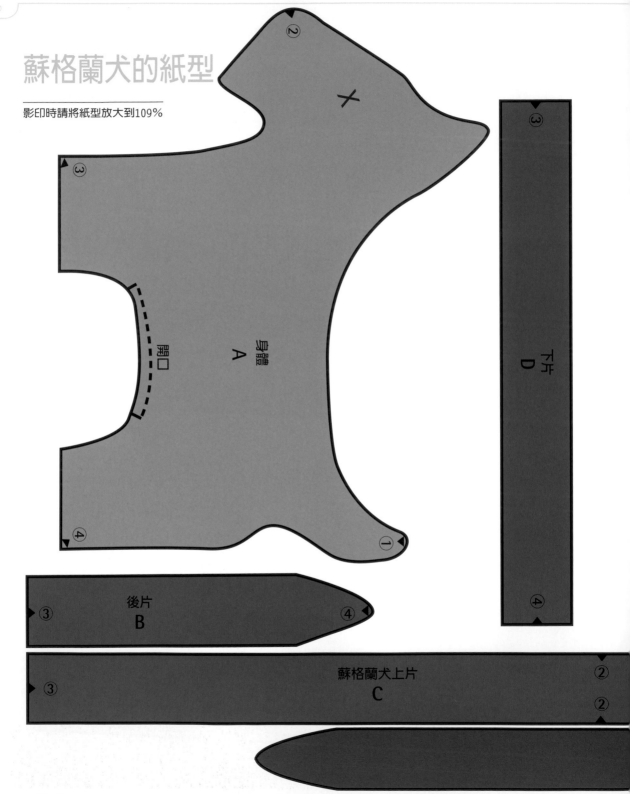

臘腸犬的紙型

影印時請將紙型放大到109%

X

耳朵裝

身體
A

開口

朝頭前面

B
耳朵

①

臘腸犬中間
C

大馴鹿

尺寸：約40公分
製作時間：3小時

◆ 40X50公分的紅色毛氈或羊毛呢絨
◆ 40X50公分的原色毛氈或羊毛呢絨
◆ 填充棉絮
◆ 紅色和白色DMC棉繡線
◆ 白色或粉紅色裁縫用粉片
◆ 刺繡用3號針
◆ 縫製地毯用的大根尖銳縫針
◆ 鋸齒剪刀
◆ 裁縫剪刀
◆ 大頭針
◆ 如果您採用以縫紉機先車過一道手續的
　方式來拼接玩偶，請另外準備紅色或白
　色縫線

將24～25頁的紙型影印之後，剪下以取得布偶的紙樣。將它們用大頭針別在毛氈或羊毛呢絨上，並用粉片沿著邊緣畫出形狀。沿著畫好的圖形邊緣再多留0.5公分，以鋸齒剪刀分別剪下原色的2片身體（A）和2片頭（B），和紅色的4片手臂（C）和4片腳（D）。另外用裁縫剪刀剪下4片紅色的角（E）和1個紅色鼻子（F）。

身體和四肢

以白色繡線、採平針繡將手臂2片1組縫合，並在上方各留下一個2公分的開口，以便填充棉絮。腿的作法也是一模一樣，在上端留下開口。縫好後用棉絮將四肢塞滿，然後再用平針繡將開口縫合。在每片身體下端打2個褶，讓毛氈變得有弧度，然後用紅色繡線以平針繡固定。將2片身體對齊重疊，以大頭針別好並將2隻腿放進2塊身體裡面，腿的上端要擺在身體下面2個褶子中間，接著著手沿著周邊縫合，在頸部留下開口，以便填充棉絮。

頭

將鼻子（F）以大頭針別在其中1片頭（B）中間偏下面的位置，然後用白色繡線以平針繡縫上去。另外用紅色繡線繡上十字做為眼睛。將鹿角（E）2片1組以大頭針別好，然後沿著周圍以平針繡縫合並在下端留下開口。將2片頭對齊重疊並以大頭針固定。將2隻鹿角塞進頭頂，夾在2片毛氈中間。以紅色繡線沿著頭部四周採平針繡縫合，並在下端留下開口，接著放入棉絮，再以紅色繡線用幾針平針繡將開口縫合。將頭部以大頭針別在身體正面距離最上端2公分的地方，然後從背後以幾針平針繡將頭部固定在馴鹿頸子上，同時也一併將留在頸部的開口縫合。如果頭部有向後仰的現象，另外用白色縫線補上隱藏的幾針，將它加強固定在身體前片上。

手臂

取縫製地毯用的尖銳縫針穿進2條白色繡線，然後刺進1隻手臂的上端，從身體縫合部位的一端穿進整個身體，再以反方向穿回，以在手臂上方繡成一個十字，最後將繡線打結綁緊，並在離打結處0.2公分的地方把線剪斷。另一隻手臂也以同樣的方法製作。如此一來手臂便可以從關節的地方旋轉活動。

大馴鹿的紙型

影印時請將紙型放大到105%

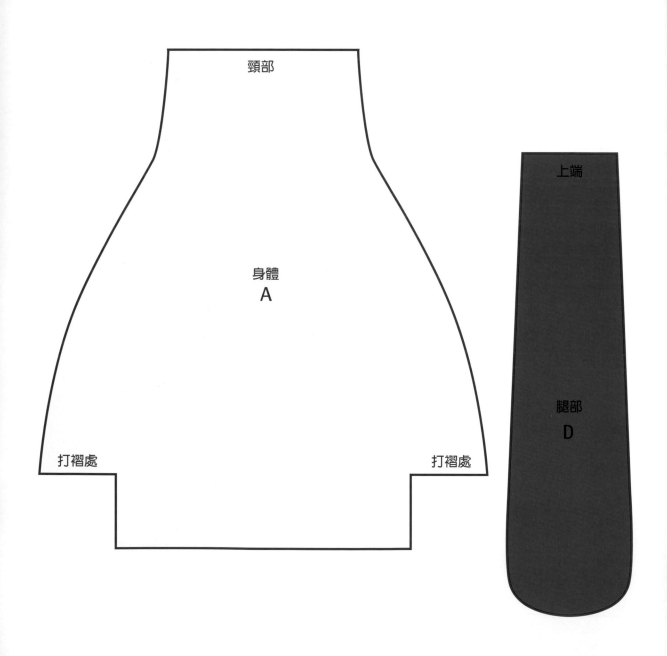

頸部

身體
A

打褶處   打褶處

上端

腿部
D

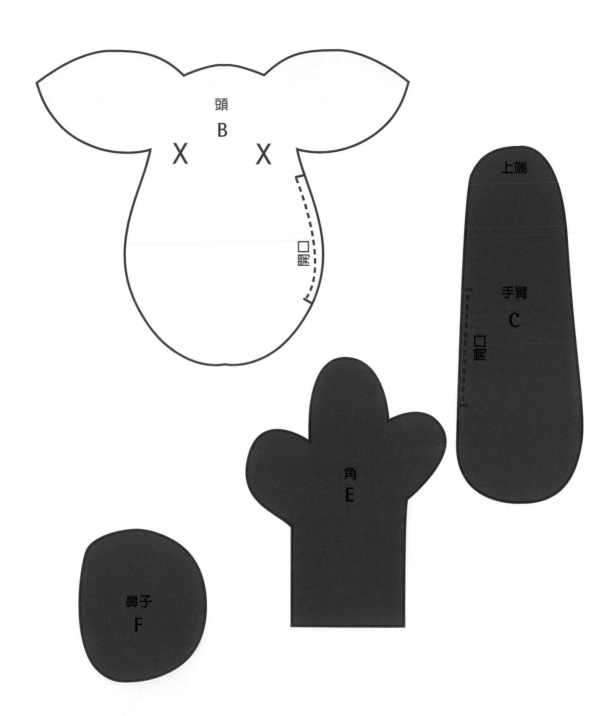

迷你馬

尺寸：約15公分
製作時間：30分鐘

材料

◆ 20X20公分的土耳其藍、紫色毛氈或羊毛呢絨
◆ 填充棉絮
◆ 金黃色及艾草綠DMC棉繡線
◆ 白色裁縫用粉片
◆ 刺繡用3號針
◆ 裁縫剪刀
◆ 大頭針
◆ 如果您採用以縫紉機先車過一道手續的方式來
拼接玩偶，請另外準備土耳其藍色縫線

將右頁的紙型影印之後，剪下以取得布偶的紙樣。將它們用大頭針別在毛氈或羊毛呢絨上，並用粉片沿著邊緣畫出形狀。沿著畫好的圖形邊緣，再多留0.5公分的地方，分別剪下1片土耳其藍的身體（A），和1片紫色的身體（A）。

刺繡

以金黃色繡線在身體的2面各繡上一個十字做為眼睛。接著按照右頁的圖樣，以平針繡繡上迷你馬的馬鬃和馬尾巴。

身體

將馬身2面對齊重疊，並以艾草綠繡線採毛邊繡沿邊縫合。在馬屁股留下1個開口以填充棉絮。最後以毛邊繡將開口縫合即可。

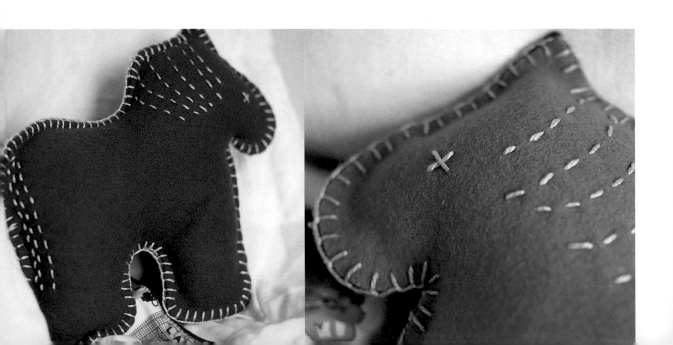

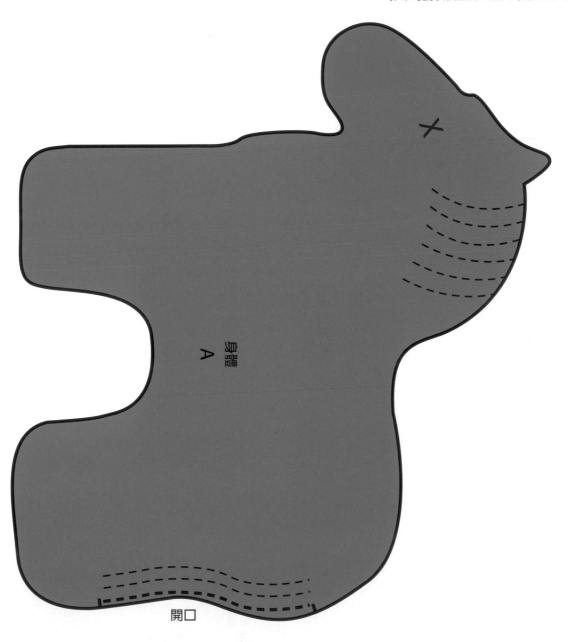

身體
A

開口

小熊

尺寸：約16公分
製作時間：30分鐘

材料

◆ 20X20公分的桃紅色和橘色毛氈或羊毛呢絨
◆ 填充棉絮
◆ 艾草綠和原色DMC棉繡線
◆ 桃紅色縫線
◆ 白色裁縫用粉片
◆ 刺繡用3號針
◆ 裁縫剪刀
◆ 大頭針

將右頁的紙型影印之後，剪下以取得布偶的紙樣。將它們用大頭針別在毛氈或羊毛呢絨上，並用粉片沿著邊緣畫出形狀。沿著畫好的圖形邊緣，再多留0.5公分的地方，分別剪下1片桃紅色和1片橘色的身體（A）。

刺繡

在其中1片身體上，以艾草綠繡線用十字繡繡上2隻眼睛。接著用原色繡線以平針繡繡上鼻子和嘴巴。

身體

將2片身體用艾草綠繡線以毛邊繡縫合。藉助粉片來做記號，以便縫出均衡一致的針距。在紙型所標示的位置留下開口。為小熊填滿棉絮，然後以毛邊繡將開口縫合。

身體
A

兔子

尺寸：約28公分
製作時間：5小時

材料

- 40X40公分的天藍色、草綠和桃紅色毛氈或羊毛呢絨
- 25X20公分的米白色毛氈或羊毛呢絨
- 填充棉絮
- 淺粉紅和艾草綠色DMC棉繡線
- 刺繡用3號針
- 縫製地毯用的大根尖銳縫針
- 白色裁縫用粉片
- 鋸齒剪刀
- 大頭針
- 如果您採用以縫紉機先車過一道手續的方式來拼接玩偶，請另外準備淡灰色縫線

將32～33頁的紙型影印之後，剪下以取得布偶的紙樣。將它們用大頭針別在毛氈或羊毛呢絨上，並用粉片沿著邊緣畫出形狀。沿著畫好的圖形邊緣，再多留0.5公分的地方，以鋸齒剪刀剪下1片桃紅色身體正面（A），1片草綠色身體正面（A），1片天藍色身體背面（B），1片草綠色身體背面（B），2片桃紅色的腿（C），1片草綠色的腿（C）和1片天藍色的腿（C），2面草綠色的頭（D），1塊天藍色頭部中片（E），2片天藍色手臂（F），1片桃紅色手臂（F）和1片草綠色手臂（F），2片桃紅色耳朵（G）和2片米白色耳朵（G）。

耳朵

將1片桃紅色耳朵和1片米白色耳朵重疊在一起。用艾草綠繡線，採平針繡，將它們縫合。另一隻耳朵也以同樣的方式處理。

頭

以粉紅色繡線在2片頭部（D）各繡上一個十字做為眼睛。將頭部中片（E）以大頭針別在其中1片頭部（D）的上半部，標示①的地方相對齊重疊，然後以粉紅色繡線採平針繡縫合。另1片頭部也以同樣的方式縫接上頭部中片，並以粉紅色繡線將鼻子到頸部的地方一併縫合起來，接著在做好的頭部裡填滿棉絮。

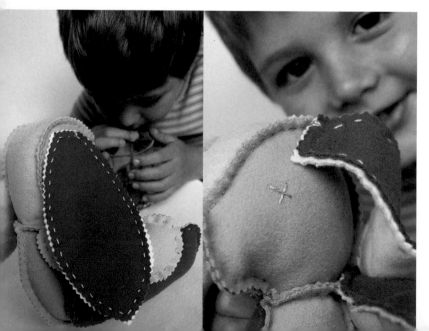

兔子的紙型

影印時請將紙型放大到127%

身體

將2片身體正面（A）重疊，標示③記號的地方相對齊。以粉紅色繡線用平針繡從中間縫合。接著同樣以平針繡組合2片身體背面（B），標示④記號的地方相對齊。在如紙型所標示的地方留下一個5公分的開口。從側邊將身體正面和背面縫合，標示②的地方相對齊，並在頸部留下開口，以便填充棉絮。將頭部以大頭針別在身體上，然後以平針繡縫合，並故意將鋸齒剪刀裁出的痕跡顯露在外。視情況調整填充棉絮的多寡和位置後，再用平針繡將背部的開口縫合。

四肢

將不同顏色的毛氈布塊搭配組合起來，然後以平針繡沿邊縫合手臂（F）和腿（C）。在四肢頂端各留下一個幾公分的開口，填入棉絮，然後以幾針平針繡將開口縫合。

取縫製地毯用的縫針穿進2條綠色繡線，刺進一隻手臂的上端，從身體旁邊縫合部位的一端穿過整個身體，穿出刺進另一隻手臂後，再以反方向穿回，以在手臂上方繡成一個十字。最後在第一隻手臂上將繡線打結綁緊，並在離打結處0.2公分的地方把線剪斷。如此一來手臂便可以旋轉活動。以同樣的方法將腿縫接在身體下端。

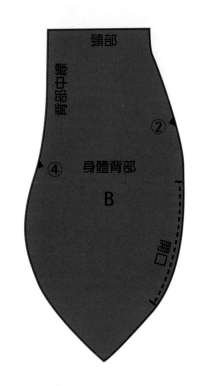

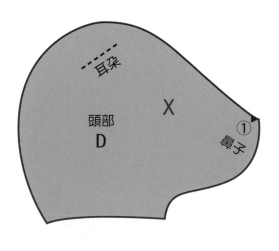

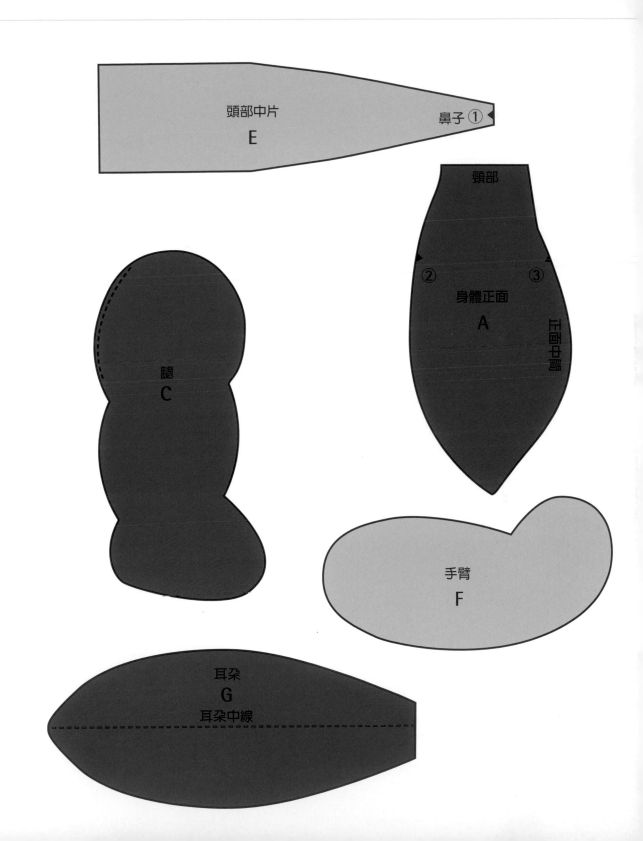

小母雞

尺寸：約17公分
製作時間：30分鐘

- ◆ 30X30公分的米白、赭色和天藍色毛氈或羊毛呢絨
- ◆ 填充棉絮
- ◆ 墨綠色和黃綠色DMC棉繡線
- ◆ 粉紅色裁縫用粉片
- ◆ 縫製地毯用的大根尖銳縫針
- ◆ 刺繡用3號針
- ◆ 裁縫剪刀
- ◆ 大頭針
- ◆ 如果您採用以縫紉機先車過一道手續的方式來拼接玩偶，請另外準備白色和灰色縫線

將右頁的紙型影印之後，剪下以取得布偶的紙樣。將它們用大頭針別在毛氈或羊毛呢絨上，並用粉片沿著邊緣畫出形狀。沿著畫好的圖形邊緣再多留0.5公分的地方，分別剪下2片米白色的身體（A），4片天藍色翅膀（B）和2片赭色的頭（C）。

翅膀

將翅膀2片1組對齊重疊，以大頭針別好，然後以黃綠色繡線，採毛邊繡縫合。接著依照紙型上的圖樣，將每隻翅膀的細節以平針繡繡上。

取縫製地毯用的縫針穿進2條墨綠色繡線：先刺進一隻翅膀的上端，穿過整個身體，穿出刺進另一隻翅膀後，再以反方向穿回，以在翅膀上繡成一個十字。最後在第一隻翅膀上將繡線打結綁緊，並在離打結處0.2公分的地方把線剪斷。如此一來翅膀便可以旋轉活動。

身體

以墨綠色繡線，在頭部2面各縫上一個十字做為眼睛。將1片頭部以大頭針別在1片身體上，然後用墨綠色繡線以毛邊繡從正面縫合。另1片頭部和身體也以同樣的方式製作。將組好的2塊頭和身體以大頭針別好，再用墨綠色繡線，沿著邊緣以毛氈繡縫接起來，僅在身體下方留下一個7公分的開口。填好棉絮之後，再用毛邊繡把開口縫合。

X 頭
C

X

翅膀
B

翅膀

身體
A

開口

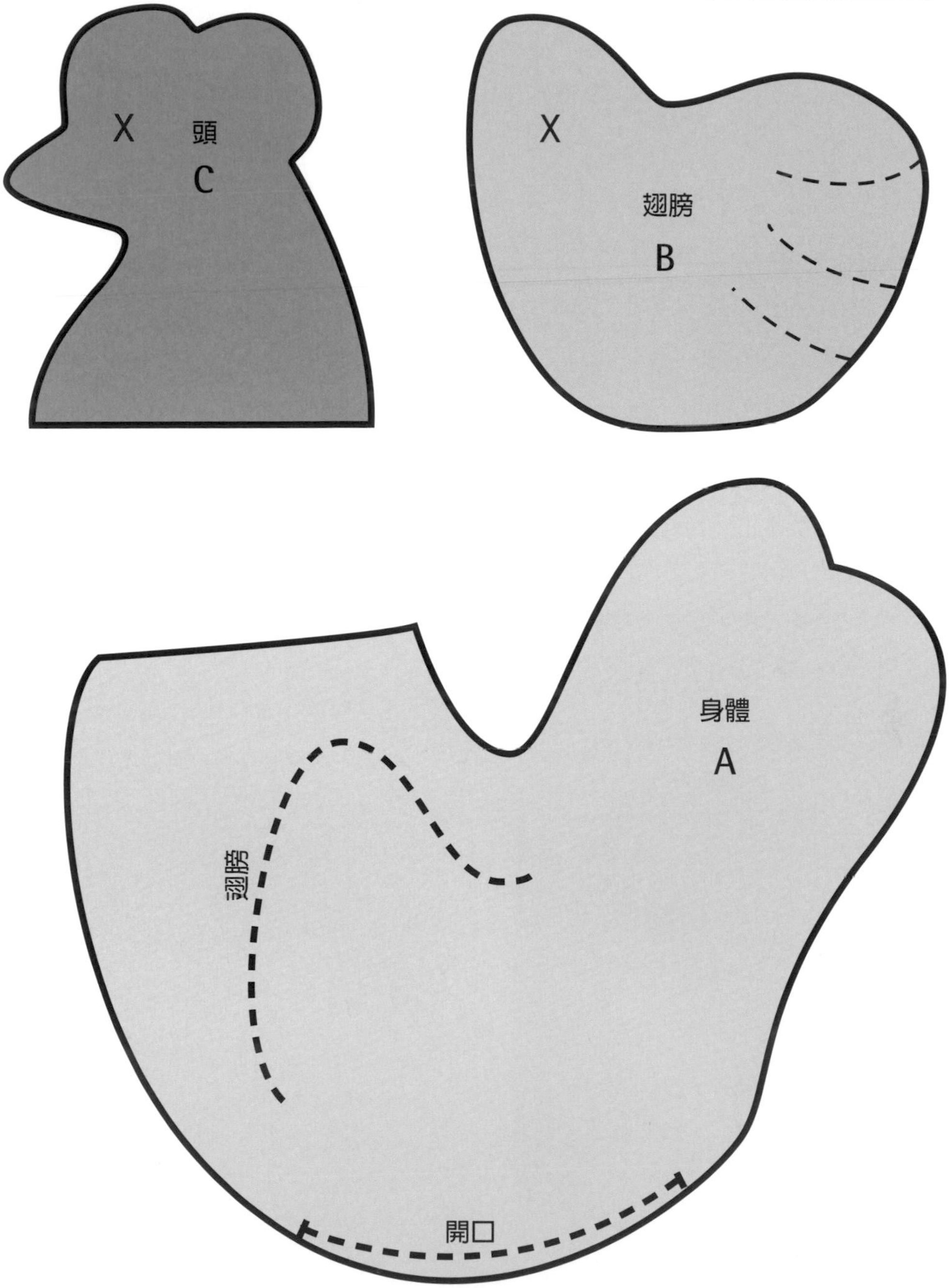

小豬

尺寸：約16公分
製作時間：3小時

材料

◆ 40X30公分的桃紅色毛氈或羊毛呢絨
◆ 20X20公分的橘色毛氈或羊毛呢絨
◆ 粉紅色和淺粉紅色毛氈或羊毛呢絨碎布塊
◆ 填充棉絮
◆ 鮮黃色DMC棉繡線
◆ 白色裁縫用粉片
◆ 刺繡用3號針
◆ 鋸齒剪刀
◆ 裁縫剪刀
◆ 大頭針
◆ 如果您採用以縫紉機先車過一道手續的方
   式來拼接玩偶，請另外準備桃紅色縫線

將38～39頁的紙型影印之後，剪下以取得布偶的
紙樣。將它們用大頭針別在毛氈或羊毛呢絨上，
並用粉片沿著邊緣畫出形狀。

沿著畫好的圖形邊緣，再多留0.5公分的地方，分
別以鋸齒剪刀剪下4片粉紅色耳朵（B）和1片淺
粉紅色鼻子（C）。接著以裁縫剪刀剪下2片桃紅
色身體（A）和2條橘色身體中間部位（D）。

耳朵

將耳朵2片1組重疊起來，用大頭針固定，然後用
鮮黃色繡線，沿著邊緣以平針繡縫合。
將2隻耳朵分別用大頭針別在小豬的2片身體上。
依照39頁紙型上面所標示的位置，來調整耳朵上
端放置的方向。用繡線將縫好的耳朵和1片身體，
3片毛氈以一個十字繡固定。

身體

在每片身體的兩邊，以鮮黃色繡線各在眼睛的部
位縫上一個十字。
以毛邊繡將2條作為小豬厚度的橘色毛氈垂直邊縫
接起來。將接好的橘色毛氈尖頭的那一端對向鼻

小豬的紙型

影印時請以紙型91%的尺寸來印即可

子的其中一端重疊好，用大頭針將長條毛氈的其中一邊和1片身體固定，以繡線採毛邊繡縫合的方式，把整條橘色毛氈沿著身體邊緣縫接上去。

將另1片身體擺到已經組合好的毛氈上頭，以大頭針加以固定，然後用毛邊繡沿著周圍縫合，只在小豬背部留下開口。

用一針平針繡將鼻子固定在小豬上。以棉絮填滿小豬的身體，然後以幾針毛邊繡將開口縫合。

尾巴

從用剩的粉紅色毛氈上，以鋸齒剪刀剪下一條1.5X9公分的布塊。在布塊中間打一個結，然後用黃色繡線，以一針十字繡縫在小豬背部的橘色長條毛氈上。

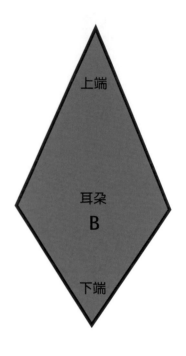

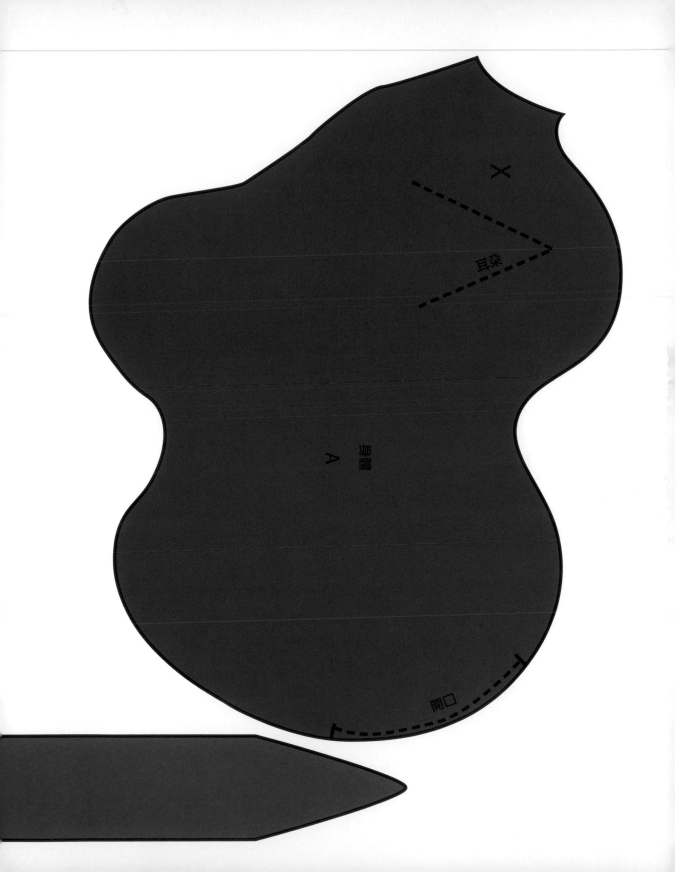

X

耳朵

身體 A

開口

驢子

尺寸：約35公分
製作時間：5小時

材料

- ◆ 40X50公分的深芋色毛氈或羊毛呢絨
- ◆ 20X30公分的草綠色毛氈或羊毛呢絨
- ◆ 粉紅、卡其綠和赭色毛氈或羊毛呢絨碎布塊
- ◆ 填充棉絮
- ◆ 原色DMC棉繡線
- ◆ 白色裁縫用粉片
- ◆ 刺繡用3號針
- ◆ 縫製地毯用的大根尖銳縫針
- ◆ 鋸齒剪刀
- ◆ 大頭針
- ◆ 如果您採用以縫紉機先車過一道手續的方式來拼接玩偶，請另外準備灰色縫線

將44～45頁的紙型影印之後，剪下以取得布偶的紙樣。將它們用大頭針別在毛氈或羊毛呢絨上，並用粉片沿著邊緣畫出形狀。沿著畫好的圖形邊緣，再多留0.5公分的地方，以鋸齒剪刀分別剪下深芋色的2片身體（A）和2片頭（B），和草綠色的4片手臂（C）和4片卡其綠的手（C'），4片草綠色的腿（D）和4片卡其綠的腳（D'），1片粉紅色鼻子（E）和2片赭色耳朵內片（F）。

身體和四肢

以原色繡線採平針繡，將1隻手和1隻手臂縫接在一起，另外3塊手臂也以同樣的方式縫接。將接好的手臂以平針繡2片1組縫合，並在旁邊各留下一個3公分的開口。腿（D）和腳（D'）的連接方法也是一模一樣，在上端留下開口。接著為腿和手臂填充棉絮，以平針繡將手臂的開口縫合。

在每片身體（A）的下端打2個褶，再用原色繡線各以一個平針繡固定。將身體的正、背面對齊重疊，將2隻腿放進2塊身體下端裡面和2個褶子中間，腿的開口要朝上。接著沿著周邊縫合，在頸部留下開口，以便填充棉絮。

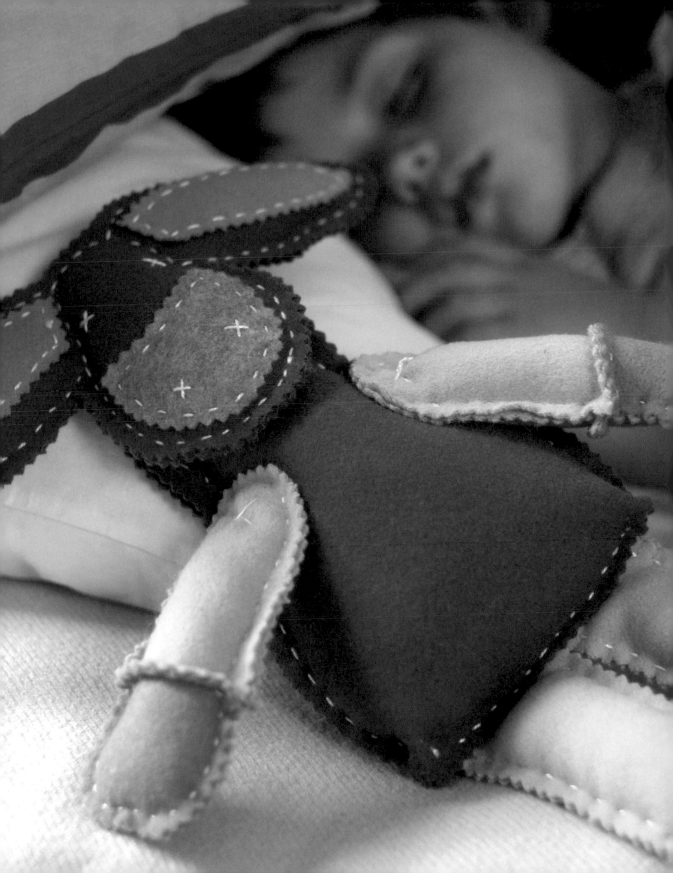

頭

將粉紅色的鼻子（E），以大頭針別在其中1片深
芋色的頭上（B）中間偏下面的位置，然後用原
色繡線以平針繡縫上去。按照45頁紙型上的標
示，用十字繡繡上鼻孔和眼睛。

將赭色的耳朵內片（F），以大頭針別在深芋色的

耳朵上，並用原色繡線，以平針繡沿邊縫合。

將2片頭（B）對齊重疊，並以大頭針固定。以
原色繡線，沿著頭部四周縫合，並在頭下端留
下開口，接著放入棉絮：耳朵的部位略微填充
即可，盡量將棉絮推往頭的下半部，再以原色
繡線用幾針平針繡將開口縫合。

將頭部以大頭針別在距離身體最上端2或3公分的地方，然後從背後以幾針平針繡將頭部固定在驢子頸子上，同時也一併將留在頸部的開口縫合。如果頭部有向後仰的現象，可另外用白色縫線在身體上面和頭下端後面之間補上隱藏的幾針，以加以固定。

手臂

取縫製地毯用的縫針，穿進2條繡線，然後刺進一隻手臂的上端，穿進身體內部再從另一頭出來穿進另一隻手臂，再以反方向穿回，以在手臂上方繡成一個十字。最後將繡線打結綁緊，並在離打結處0.2公分的地方把線剪斷。

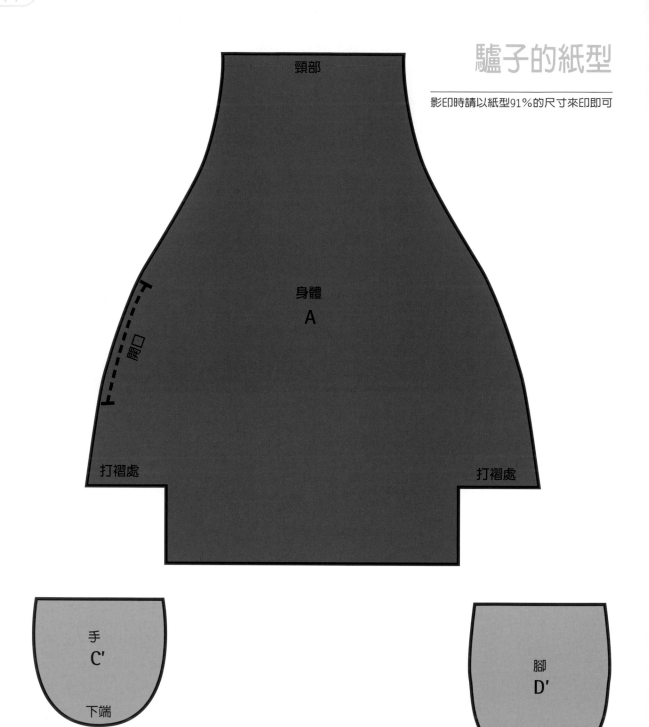

驢子的紙型

影印時請以紙型91%的尺寸來印即可

頸部

身體
A

開口

打褶處

打褶處

手
C'

下端

腳
D'

下端

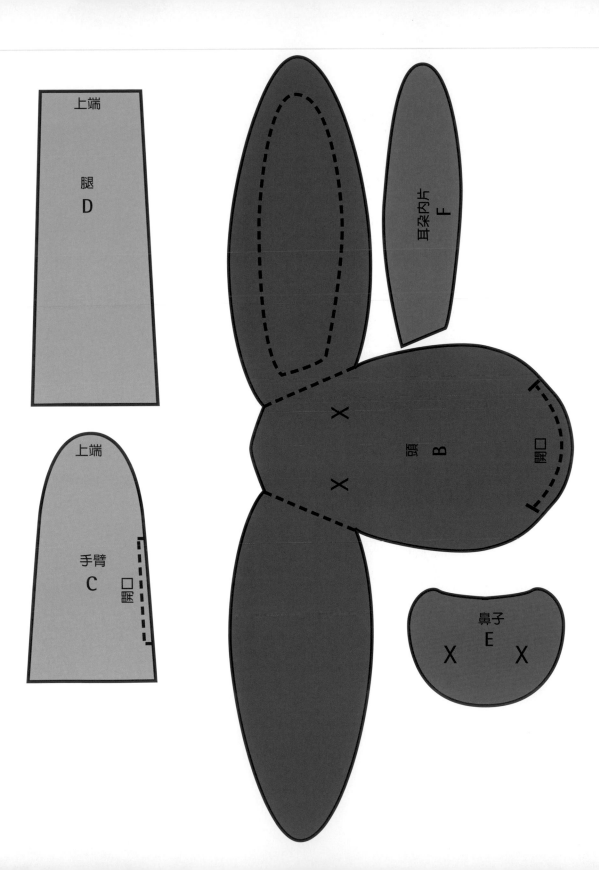

小白兔

尺寸：約17公分
製作時間：30分鐘

材料

◆ 20X15公分的草綠、天藍色毛氈或羊毛呢絨
◆ 15X10公分的白色、淺粉紅色毛氈或羊毛呢絨
◆ 填充棉絮
◆ 淡黃色DMC棉繡線
◆ 粉紅色裁縫用粉片
◆ 刺繡用3號針
◆ 裁縫剪刀
◆ 大頭針
◆ 如果您採用以縫紉機先車過一道手續的方式來拼接玩偶，請另外準備天藍色縫線

將第49頁的紙型影印之後，剪下以取得布偶的紙樣。將它們用大頭針別在毛氈或羊毛呢絨上，並用粉片沿著邊緣畫出形狀。沿著畫好的圖形邊緣，再多留0.5公分的地方，分別剪下1片草綠色和1片天藍色的身體（A），2片白色和2片淺粉紅色耳朵（B）（以製作單一隻兔子）。

身體

以淡黃色繡線，在每片身體的眼睛位置上繡一個十字。將2片身體重疊對齊，以大頭針別好，沿著邊緣用淡黃色繡線以毛邊繡縫合，並如紙型所示在兔子屁股留下一個開口。將兔子填滿棉絮且藉助　鈄來做調整，最後用毛邊繡將開口密合。

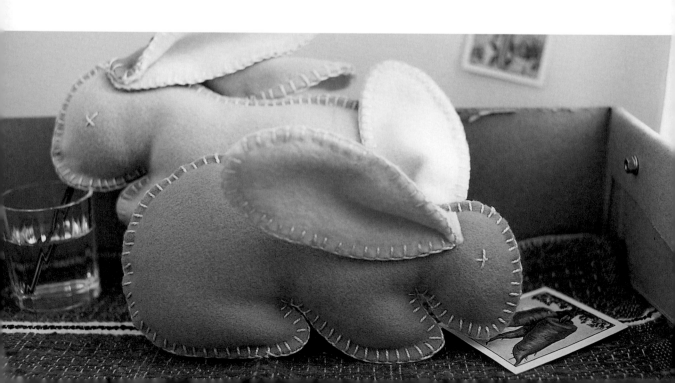

耳朵

將一片淺粉紅色耳朵，以大頭針別在白色耳朵上頭，再用毛邊繡將之縫合。

另一隻耳朵也以同樣的方式製作。取縫製地毯用的縫針，穿進2條繡線，然後刺進一隻根部對摺的耳朵上端，穿進頭內部再從另一頭出來穿進另一隻耳朵，再以反方向穿回以在耳朵上繡成一個十字。

在第一隻耳朵上將繡線打結綁緊，並在離打結處0.2公分的地方把線剪斷，如此耳朵便能活動。

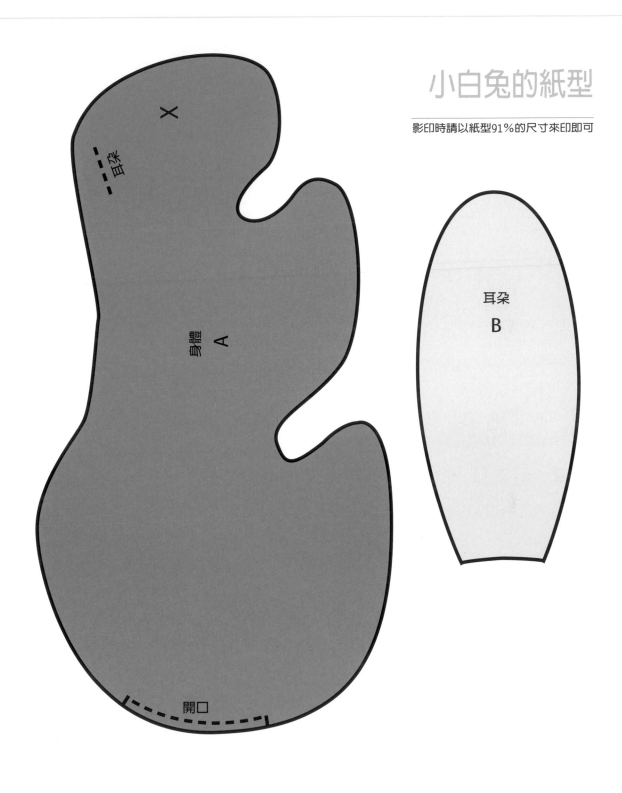

小白兔的紙型

影印時請以紙型91%的尺寸來印即可

X

耳朵

身體 A

開口

耳朵
B

小馴鹿

尺寸：約19公分
製作時間：1小時

材料

♦ 40X30公分的駱駝、赭色毛氈或羊毛呢絨

♦ 填充棉絮

♦ 駱駝色毛氈用原色或赭色毛氈用紅色DMC棉繡線

♦ 白色裁縫用粉片

♦ 刺繡用3號針

♦ 裁縫剪刀

♦ 大頭針

♦ 如果您採用以縫紉機先車過一道手續的方式來拼
  接玩偶，請另外準備駱駝或赭色縫線

將右頁的紙型影印之後，剪下以取得布偶的紙
樣。將它們用大頭針別在毛氈或羊毛呢絨上，並
用粉片沿著邊緣畫出形狀。沿著畫好的圖形邊
緣，再多留0.5公分的地方，分別剪下2片同色的
身體（A）和2片耳朵（B）（以製作單一隻馴
鹿）。

身體

以繡線在每片身體繡一個十字，作為馴鹿的眼
睛。將2片身體重疊對齊，以大頭針別好，然後沿
著邊緣用繡線以毛邊繡縫合，並如紙型所示在兔
子屁股留下一個開口。將馴鹿填滿棉絮，但不要
將它過度壓實，最後用毛邊繡將開口密合。

耳朵

以繡線將每隻耳朵用毛邊繡沿著周圍收邊，然後
在耳朵根部的地方對摺，然後用繡線以一針平針
繡，將2隻耳朵固定在馴鹿角下面兩端。

X

身體
A

褶線 B

耳朵

開口

大熊

尺寸：約30公分
製作時間：5小時

材料

- 30X20公分的紫藍色、橄欖綠和橘紅色毛氈或羊毛呢絨
- 土耳其藍色細氈子碎布塊
- 填充棉絮
- 淺土耳其藍DMC棉繡線
- 布品用粘膠
- 白色裁縫用粉片
- 刺繡用3號針
- 縫製地毯用的大根縫針
- 鋸齒剪刀
- 大頭針
- 如果您採用以縫紉機先車過一道手續的方式來拼接玩偶，請另外準備灰色縫線

將54～55頁的紙型影印之後，剪下以取得布偶的紙樣。將它們用大頭針各自別在完全不同顏色的毛氈或羊毛呢絨上，注意讓每一片相接的布料顏色都不一樣，並用粉片沿著邊緣畫出形狀。沿著畫好的圖形邊緣再多留0.5公分的地方，以鋸齒剪刀剪下：1片橘紅色身體正面（A），1片紫藍色身體正面（A），1片橄欖綠身體背面（B），1片橘紅色身體背面（B），2片橘紅色的腿（C），1片橄欖綠的腿（C）和1片紫藍色的腿（C），2片橄欖綠手臂（D），1片橘紅色手臂（D）和1片紫藍色色手臂（D），1片橄欖綠頭旁片（E），1片紫藍色頭旁片（E），1片紫藍色後腦勺（F），1片橄欖綠後腦勺（F），2片橄欖綠耳朵（G），2片橘紅色耳朵（G），1片橘紅色頭前片（H）和1片紫藍色頭頂後片（I）。

頭

將2隻不同顏色的耳朵重疊對齊，然後依照粉片畫過的痕跡以平針繡縫合。另1隻耳朵也以同樣的方式製作。用繡線在2個頭旁片（E）上眼睛的位置各繡上一個十字。

用繡線以平針繡將頭前片（H）與2個頭旁片（E）連接起來，注意紙型上標示④的地方要對齊，一直繡到鼻子的地方。

將頭旁片（E）與2片後腦勺（F）以大頭針別起來，標示①和標示②的地方對齊。接著再將頭頂後片（I）和後腦勺（F）也接上去，標示⑤記號的地方相對齊，頭頂則擺上耳朵（G）。將整個頭部組起來並用大頭針別好後，就以平針繡縫合。將2個頭旁片在鼻子下面的部位也縫合，只留下紙型上標示預留開口的位置。最後在做好的頭部裡填滿棉絮。

身體

將2片身體正面（A）重疊，以大頭針別好，標示⑨記號的地方相對齊。2片身體背面（B）也以大頭針重疊別好，標示⑦記號的地方相對齊，僅在紙型標示的地方留下開口。以土耳其藍繡線，用平針繡縫合4片身體（正面和背面），標示⑧記號的地方相對齊。在頸部的地方留下開口，並填入棉絮。

將頭部以大頭針別在身體上，然後以平針繡縫合，並故意將鋸齒剪刀裁出的痕跡顯露在外。視情況調整填充棉絮的多寡和位置後，再用平針繡將背部的開口縫合。

四肢

將不同顏色的毛氈布塊搭配組合起來，然後以平針繡沿邊縫合手臂（D）和腿（C）。在四肢一邊各留下一個6公分的開口，填入棉絮，然後以平針繡將開口縫合。取縫製地毯用的縫針穿進2條繡線，刺進一隻手臂的上端，從身體旁邊縫合部位的一端穿過整個身體，穿出刺進另一隻手臂後，再以反方向穿回，以在手臂上方繡成一個十字。最後在第一隻手臂上將繡線打結綁緊，並在離打結處0.2公分的地方把線剪斷，如此一來手臂便可以旋轉活動。以同樣的方法將腿縫接在身體下端。

鼻子

從土耳其藍細氈子碎布塊上，剪下一個小三角形，黏在鼻子的部位。

大熊的紙型

影印時請以紙型91%的尺寸來印即可

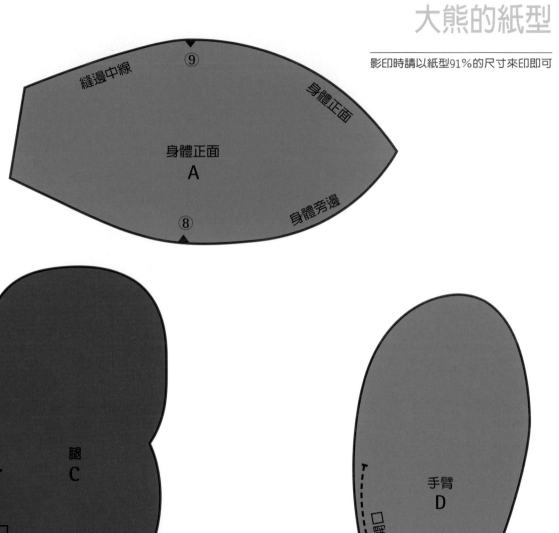

縫邊中線

⑨

身體正面

身體正面
A

⑧

身體旁邊

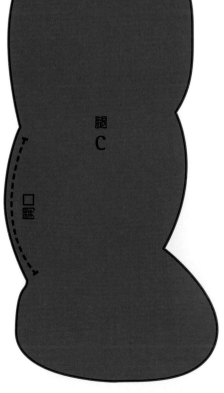

腿
C

開口

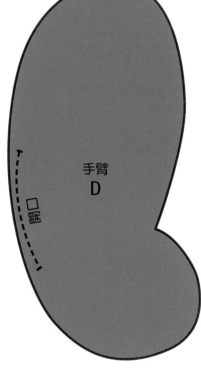

手臂
D

開口

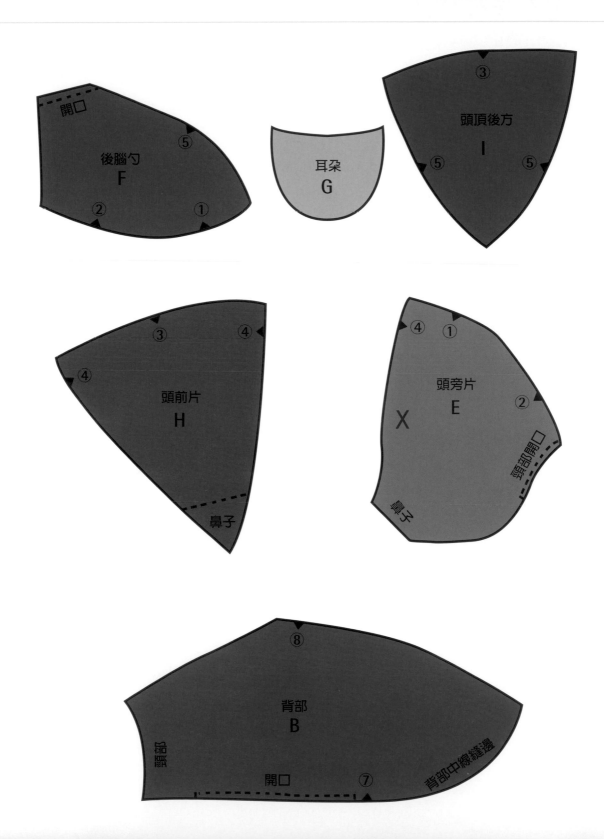

大象

尺寸：約16公分
製作時間：4小時

材料

◆ 40X30公分的深粉紅色毛氈或羊毛呢絨
◆ 15X15公分的中粉紅、淺粉紅色毛氈或羊毛呢絨
◆ 20X20公分原色毛氈或羊毛呢絨
◆ 填充棉絮
◆ 橘色DMC棉繡線
◆ 白色裁縫用粉片
◆ 刺繡用3號針
◆ 鋸齒剪刀
◆ 裁縫剪刀
◆ 大頭針
◆ 如果您採用以縫紉機先車過一道手續的方式來拼接玩偶，請另外準備深粉紅色縫線

將58～59頁的紙型影印之後，剪下以取得布偶的紙樣。將它們用大頭針別在對摺的毛氈或羊毛呢絨上，並用粉片沿著邊緣畫出形狀。沿著畫好的圖形邊緣，再多留0.5公分的地方，分別以鋸齒剪刀剪下2片中粉紅色的耳朵（B）、2片淺粉紅色耳朵（B）、4片原色象牙（D）和2片深粉紅色尾巴（E）。另外用裁縫剪刀剪下2片深粉紅色的身體（A）和2塊原色腳掌（C）。

耳朵

將耳朵（B）2片1組重疊起來，淺粉紅色的放在中粉紅色下面，用大頭針固定，然後用橘色繡線，沿著邊緣以平針繡縫合。在每隻耳朵上端留下開口。第二隻耳朵也以同樣的方式製作。將2隻耳朵分別用大頭針別在大象的2片身體上，並依照紙型上標示的位置來調整方向。用線將縫好的耳朵以平針繡固定。

象牙

將象牙（D）2片1組重疊對齊，然後以平針繡縫合，僅在上端留下開口。在每塊象牙裡塞入一點棉絮。依照紙型上所示的位置，將象牙縫接在身體的2面，同時一併將開口縫合。

尾巴

將2片尾巴（E）重疊，以平針繡沿著周圍縫合。

身體

在每片身體（A）用橘色繡線，繡上一個十字做為眼睛。如紙型所示，將條狀原色毛氈（C）用大頭針別在身體下端，然後沿邊以平針繡將其固定在身體上，僅在原色毛氈下端留下開口。身體的另一邊也以同樣的方式處理。

將2片身體（A）重疊對齊，在大象屁股中間放進做好的尾巴，然後以大頭針別好，用毛邊繡沿邊將整隻大象縫合，僅在後下方留下開口。接著在身體中塞入棉絮，然後以幾針毛邊繡將身體完全縫合。以橘色繡線採平針繡，依照59頁紙型上的圖樣，在大象腳上繡上區別四肢的線條。

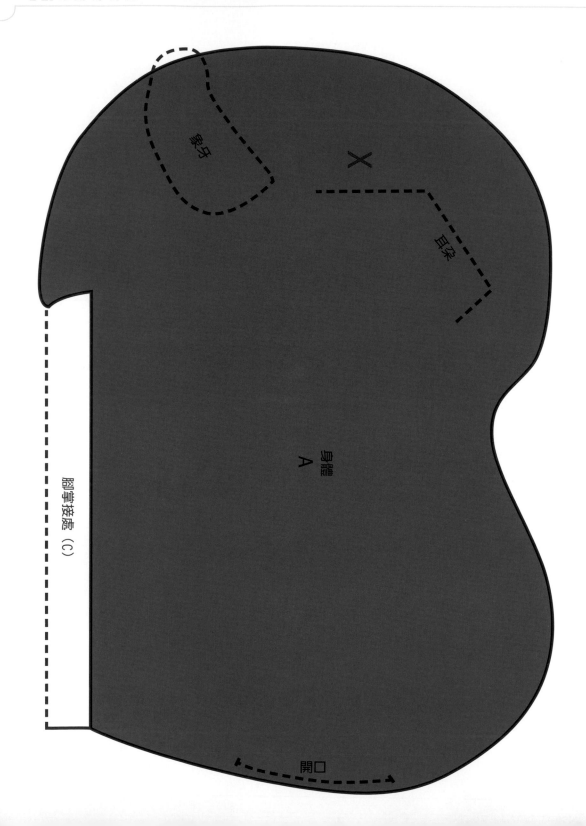

象牙

×

耳朵

腳掌接處（C）

身體
A

開口

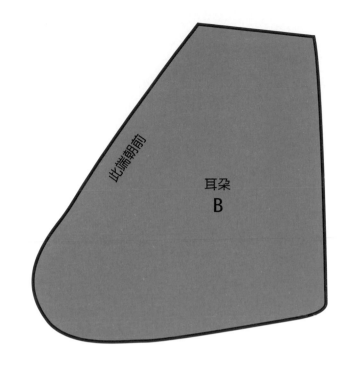

此端朝前

耳朵
B

大象的紙型

影印時請以紙型91%的尺寸來印即可

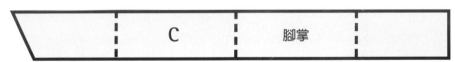

C 腳掌

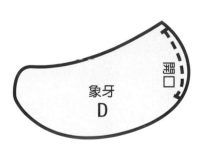

象牙
D

開口

尾巴

E

母牛

尺寸：約48公分
製作時間：5小時

將62～63頁的紙型影印之後，剪下以取得布偶的紙樣。將它們用大頭針別在毛氈或羊毛呢絨上，並用粉片沿著邊緣畫出形狀。沿著畫好的圖形邊緣，再多留0.5公分的地方，以鋸齒剪刀分別剪下草綠色的2片身體（A）和2片頭（B），米白色的4片手臂（C）和4片腿（D）。另外用裁縫剪刀，剪下1片米白色鼻子（E）和4片桃紅色牛角（F）。

身體和四肢

以平針繡，用粉紅色繡線將手臂（C）2片1組縫合，並在旁邊各留下一個4公分的開口。腿（D）的作法也是一樣，在上端留下開口。縫好後用棉絮將四肢塞滿，然後再用平針繡將開口縫合。在每片身體（A）下端打2個褶，然後用粉紅色繡線，以平針繡固定。將2片身體對齊重疊，並將2隻腿的開口部位放進2塊身體下部裡面，在為身體做出厚度的2個褶子中間。接著以大頭針別好，沿著身體周邊縫合，並在頸部留下開口，以填充棉絮。

頭

將鼻子（F）以大頭針別在其中1片頭（B）中間偏下面的位置，然後用粉紅色繡線，以平針繡縫上去。另外再以十字繡繡上2個鼻孔和眼睛。將牛角2片1組以大頭針別好，然後沿著周圍以原色繡

材料

◆ 60X50公分的米白色、草綠色毛氈或羊毛呢絨
◆ 1片桃紅色毛氈或羊毛呢絨碎布塊
◆ 填充棉絮
◆ 原色和粉紅色DMC棉繡線
◆ 粉紅色裁縫用粉片
◆ 刺繡用3號針
◆ 縫製地毯用的大根尖銳縫針
◆ 鋸齒剪刀
◆ 裁縫剪刀
◆ 大頭針
◆ 如果您採用以縫紉機先車過一道手續的方式來拼接玩偶，請另外準備白色和草綠色縫線

線、採毛邊繡縫合，並在下端留下開口。

將2片頭（B）對齊重疊並以大頭針固定。接著便可將2隻牛角（F）塞進頭頂的2片毛氈中間，並沿著頭部四周採平針繡縫合，僅在下端留下開口。放入棉絮之後，再以幾針平針繡將開口縫合。

將頭部以大頭針別在距離身體上端2公分的地方，然後從背後以幾針平針繡，將頭部固定在母牛頸子上，同時一併將留在頸部的開口縫合。如果頭部有向後仰的現象，另外補上隱藏的幾針，將它加強固定在身體前片上。

手臂

取縫製地毯用的大縫針穿進2條粉紅色繡線，然後刺進一隻手臂的上端，從身體旁邊縫合部位的一端穿過整個身體，穿出刺進另一隻手臂後，再以反方向穿回，以在手臂上方繡成一個十字。最後將繡線打結綁緊，並在離打結處0.2公分的地方把線剪斷。如此一來，手臂便可以旋轉活動。

母牛的紙型

影印時請以紙型91％的尺寸來印即可

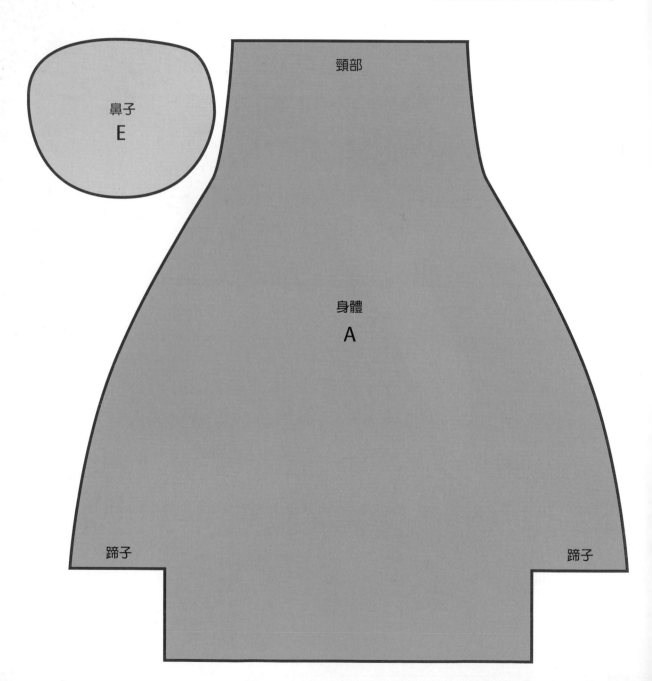

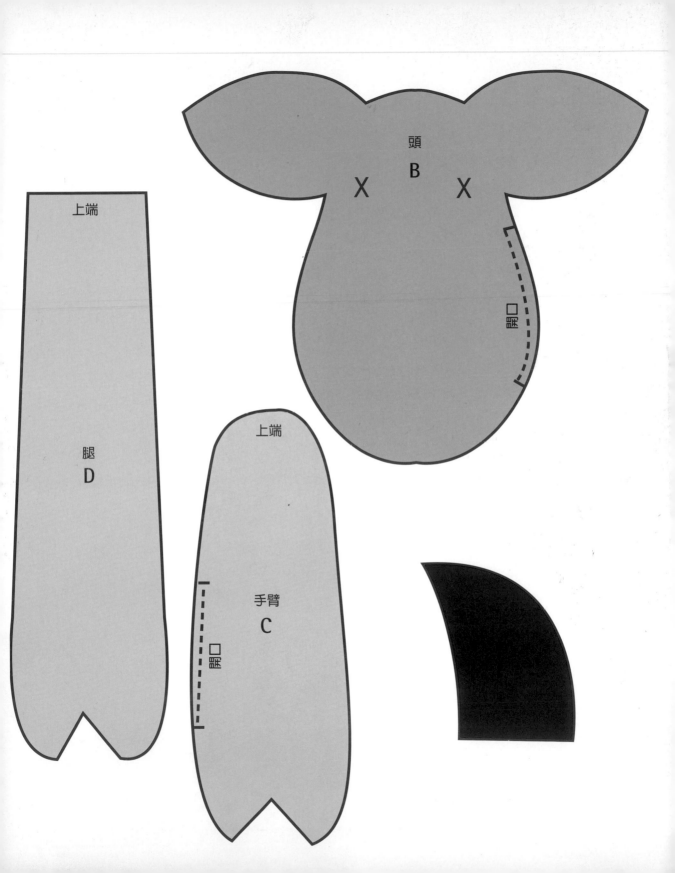